RÉORGANISATION

DU

SERVICE FORESTIER

PREMIÈRE LETTRE

PAR

L. TASSY

Ancien Conservateur des Forêts

PARIS

J. ROTHSCHILD, ÉDITEUR

13, RUE DES SAINTS-PÈRES, 13

1879

ÉTUDES

SUR L'AMÉNAGEMENT DES FORÊTS

Par L. TASSY

Ancien Conservateur des forêts.

Deuxième Édition, revue et augmentée de 150 pages

Un volume grand in-8 — Prix : 6 francs

Cet ouvrage contient d'abord la description claire et complète des expériences à faire pour déterminer l'âge auquel il convient d'exploiter les arbres, afin qu'ils fournissent les produits les plus avantageux, suivant qu'ils appartiennent à l'État, aux communes ou aux particuliers. Cet âge étant connu, il faut savoir régler la quotité et la marche des coupes annuelles d'une forêt, de la manière la plus favorable à la végétation, d'une part ; et, d'autre part, à la réalisation d'un revenu constamment progressif. L'auteur expose les méthodes à adopter dans ce double but. Il traite ensuite des améliorations et des mesures nécessaires pour assurer l'exécution des prescriptions de l'aménagement. Enfin, la dernière partie de son ouvrage est consacrée à l'examen des réformes qu'il serait utile d'apporter aux lois forestières dans l'intérêt des communes et des particuliers.

RÉORGANISATION

DU SERVICE FORESTIER

RÉFORME DE LA LOI DU 9 JUIN 1853 SUR LES PENSIONS CIVILES

PAR L. TASSY

Un volume in-8 — Prix : 3 fr. 50

LA RESTAURATION DES MONTAGNES

ÉTUDE SUR LE PROJET DE LOI PRÉSENTÉ AU SÉNAT

Par L. TASSY

Un volume in-8 — Prix : 3 francs

LORENTZ ET PARADE

Par L. TASSY

Un volume in-8 avec 2 planches — Prix ; 2 fr.

RÉORGANISATION

DU

SERVICE FORESTIER

PREMIÈRE LETTRE

PAR

L. TASSY
Ancien Conservateur des Forêts

PARIS
J. ROTHSCHILD, ÉDITEUR
13, RUE DES SAINTS-PÈRES, 13

1879

AVERTISSEMENT.

La lettre que je publie aujourd'hui, et qui sera suivie de plusieurs autres, a pour but d'éclairer le travail que j'ai publié, il y a trois ans, sous le pseudonyme d'Aloys Wisst, sur la réorganisation du service forestier.

J'avais insisté, dans ce travail, sur l'utilité qu'il y aurait à réunir l'Administration des forêts au Ministère de l'agriculture et du commerce. — Cette réunion a eu lieu.

J'avais proposé la création d'un personnel d'inspecteurs généraux choisis dans le corps forestier. — Ce personnel a été créé.

J'avais demandé que les agents du service central fussent assimilés à ceux du service extérieur, et que les hauts emplois du premier de ces services ne fussent occupés que par des agents qui auraient été se retremper dans les fonctions actives. — Cette double mesure a été sanctionnée par un arrêté ministériel, et il est regrettable seulement que, pour empêcher qu'elle n'eût un effet rétroactif, on ait été amené à pousser encore plus loin qu'on ne l'avait fait jusqu'alors, les faveurs dont les employés de la Direction générale avaient été de tout temps l'objet.

Ainsi, quelques-uns des desiderata que j'avais exprimés, dont je m'étais rendu l'écho, ont été réalisés ; mais les réformes que je viens d'énumérer sont-elles de nature à satisfaire à tous les besoins de l'Administration forestière ? — Assurément non : la partie essentielle de cette administration, celle à laquelle toutes les autres sont subordonnées, celle dont j'ai essayé de mettre en relief les défectuosités, et qui consiste dans le service actif ordinaire, exige des modifications bien autrement importantes. Or, sur ce point fondamental, toutes mes espérances ont été déçues.

On a nommé une grande commission dans laquelle j'ai eu l'honneur d'être compris. — Cette commission, dont je me suis séparé à regret, a décidé que, pour le service extérieur des forêts, le mieux était de maintenir le *statu quo*.

Messieurs les inspecteurs généraux avaient été chargés de procéder à une sorte d'enquête, au sujet de mes propositions. — ils ont déclaré à l'unanimité, sauf M. Lorentz, que, dans l'opinion de la plupart des agents consultés, il n'y avait rien à changer à l'organisation actuelle.

De là j'ai conclu que mon projet d'organisation — et c'est ma faute assurément — n'avait pas été bien compris, soit par mes honorables collègues de la commission précitée, soit par mes anciens camarades, et c'est ce qui m'a suggéré la pensée d'ajouter un commentaire à la brochure dans laquelle ledit projet a été exposé.

L. TASSY.

RÉORGANISATION
DU
SERVICE FORESTIER

PREMIÈRE LETTRE

AUX MEMBRES DE LA COMMISSION CHARGÉE DE RECHERCHER QUELLES MODIFICATIONS IL Y AURAIT LIEU D'APPORTER A L'ENSEMBLE DU SERVICE FORESTIER (*Arrêté ministériel du 30 mars 1878*).

Messieurs,

Vous avez approuvé le travail de votre deuxième sous-commission sur les modifications à apporter au service extérieur des forêts.

Permettez-moi quelques observations à ce sujet.

Voici d'abord les conclusions de ce travail :

I. Maintien de tous les degrés de la hiérarchie actuelle, depuis le grade de conservateur jusqu'à celui de garde. Maintien des attributions des différents grades, sauf les dérogations ci-après formulées.

II. Recrutement du personnel supérieur de l'Administration :

1° Par l'École forestière;

2° Par un examen auquel ne pourront être admis que les préposés ayant au moins quatre ans de service en forêt.

III. Maintien, quant à présent, du nombre des conservateurs, ainsi que des inspecteurs appartenant au service ordinaire.

Création immédiate de plusieurs inspections dans le service du reboisement et du gazonnement des montagnes.

IV. Augmentation du nombre des tournées des conservateurs, des inspecteurs et des chefs de cantonnement.

V. Attributions du chef de l'Administration à conférer aux conservateurs :

a. Règlement annuel de l'exercice des droits d'usage;

b. Règlement des transactions pour délits et contraventions, jusqu'à concurrence de 2,000 francs;

c. Concessions de terrains vagues à charge de culture ou de repeuplement, lorsque la durée excède quatre années, sans dépasser neuf ans, et que la contenance excède cinq hectares;

d. Autorisation de coupes de nettoiement et de bois mort, à vendre sur pied;

e. Autorisation de vendre sur pied les bois incendiés ou abroutis, quelle qu'en soit la valeur;

f. Exploitation des mêmes bois dans les forêts domaniales, quand les frais ne dépassent pas 500 francs.

VI. Attributions de l'inspecteur à conférer au chef de cantonnement :

a. Acceptation des gardes-vente;

b. Autorisation d'extraction de hart, pour le service des coupes.

VII. Faculté donnée au conservateur d'autoriser exceptionnellement, et par dérogation à l'article 78 de l'ordonnance du 1er août 1827, un seul agent à procéder aux opérations des coupes les moins importantes.

VIII. La sous-commission exprime le désir que l'Administration soit invitée à simplifier autant que possible les écritures, à tous les degrés de la hiérarchie.

IX. Enfin elle émet le vœu que des mesures soient prises afin d'améliorer la situation des agents forestiers, soit au point de vue des traitements et des indemnités, soit au point de vue de l'avancement.

Ainsi, messieurs, à part quelques dispositions d'une faible importance, qu'on pourrait bien abandonner à la sollicitude éclairée de M. le sous-secrétaire d'État, et quelques recommandations certainement superflues, comme celle, entre autres, relative à la simplification des écritures, que nous proposait-on ?

On nous proposait et vous avez accepté :

1° De déclarer, d'une part, qu'il n'y a rien à changer au nombre et aux attributions des agents des différents grades qui composent la hiérarchie forestière ;

2° D'exprimer, d'autre part, le vœu qu'il soit pris des mesures afin d'améliorer la situation de ces agents, à tous les points de vue et, notamment, au point de vue de l'avancement.

Je craindrais fort, messieurs, que ces conclusions, si vous y persistiez, n'eussent pour résultat d'augmenter, au lieu de les diminuer, les difficultés qui ont amené le gouvernement à vous convoquer. En effet, d'où vient la situation fâcheuse dans laquelle on reconnaît que se trouve le personnel forestier, au moins sous le rapport de l'avancement, si ce n'est du nombre et des attributions des agents des différents grades? Et, dès qu'on ne veut changer ni ce nombre ni ces attributions, comment peut-on admettre que la cause du malaise dont on se plaint n'étant pas supprimée, le gouvernement parvienne à empêcher le malaise de se continuer?

Il me semble, en outre, messieurs, que nous n'étions point réunis pour former de simples vœux au sujet de l'amélioration du service forestier, mais pour chercher et indiquer les moyens de la réaliser. Assurément le ministre n'avait pas besoin de notre avis pour savoir que le traitement alloué aux agents forestiers est insuffisant, et que l'avancement, qu'ils peuvent espérer, ne l'est pas moins. Ce qu'il attend de vous, par conséquent, c'est que vous l'aidiez à trouver des combinaisons qui le mettent à même de remédier à l'état précaire de ces agents, sans imposer au trésor de trop lourdes charges. Or la 2ᵉ sous-commission ne vous a même pas fait connaître la dépense approximative qu'entraînerait la satisfaction des désirs qu'elle s'est bornée à formuler.

Il est supposable, enfin, que l'on ne vous aurait pas dérangé de vos occupations habituelles, s'il eût suffi, pour remettre l'administration forestière sur un pied convenable, d'augmenter le nombre des jours de tournée des conservateurs et des inspecteurs, et de donner aux chefs de cantonnement le droit qu'ils exercent, par le fait, d'agréer les gardes-vente des coupes et de délivrer les harts nécessaires pour la confection des fagots. Évidemment il y aurait à prendre des mesures un peu plus révolutionnaires et à satisfaire à des aspirations plus sérieuses. Vous en trouveriez la preuve, si vous en doutiez, dans le rapport en date du 25 mars 1878, par lequel notre honorable Président a provoqué la création de notre commission. « Il est certain, est-il dit, dans ce rapport, que les règlements forestiers en vigueur ne répondent plus aux nécessités actuelles... Leur révision est devenue indispensable, si l'on ne veut pas que le transfert opéré par le décret du 15 décembre 1877 devienne lui-même une mesure inutile. » Et pourquoi cela? — « Parce que, ajoute l'auteur du rapport, l'administration forestière a cessé d'être un simple organe du mécanisme domanial et financier, pour devenir vraiment une institution d'utilité publique[1]. »

Rapprochez, messieurs, ces graves paroles des modifications indiquées par la 2e sous-commission, et vous pourrez juger de l'étonnement que vous causeriez au ministre qui vous a consultés, si vous n'aviez pas à lui signaler d'autres réformes pour élever l'administration forestière à la hauteur de sa nouvelle destination.

On m'objectera peut-être que la sous-commission, dont je crois pouvoir me permettre de critiquer

1. Il y a certainement dans ces mots : *institution d'utilité publique*, un sous-entendu, car les régies financières sont des institutions d'utilité publique, au même titre que les autres parties de l'administration générale. M. le sous-secrétaire d'État a voulu dire simplement que l'administration des forêts, en passant au ministère de l'agriculture, était devenue une administration de travaux publics.

le travail, n'avait à s'occuper que du personnel du service extérieur, et qu'il n'importe guère, pour l'accomplissement des desseins du gouvernement, que ce personnel soit remanié. Ce serait là une erreur; car les plus belles conceptions du monde ne sont rien quand on n'a pas des hommes capables de les appliquer; et s'il est vrai, — ce que je prouverai, — que le personnel de l'administration forestière, tel qu'il est organisé, ne puisse même pas répondre à toutes les obligations qui lui ont été imposées jusqu'à présent, à plus forte raison serait-il au-dessous de sa tâche, si son rôle était *élargi*, pour me servir du terme même employé par M. le Sous-secrétaire d'État, dans son rapport précité.

Je viens donc, messieurs, faire un dernier effort pour vous amener à adopter, sinon dans ses détails, au moins dans ses dispositions fondamentales, le projet d'organisation que j'ai publié, il y a trois ans, et dont on m'a fait l'honneur, je crois, de vous distribuer des exemplaires.

Ce projet, je ne me le dissimule point, a un grand tort aux yeux de bien des gens, plus nombreux aujourd'hui qu'ils ne le furent jamais. Ce tort, c'est qu'il constitue un plan complet, un système, c'est-à-dire un assemblage de propositions, de principes et de conséquences reliés entre eux par une étroite solidarité. On a un souverain mépris, par le temps qui court, pour les plans d'ensemble, pour les systèmes : Aller, comme dit Montaigne, à dextre, à gauche, contre-mont, contre-bas, selon que le vent des occasions vous emporte ; boucher les trous quand ils se présentent; parer au besoin du moment, sans souci du lendemain, par la raison qu'à chaque jour suffit sa peine : c'est la maxime à la mode. Il serait facile d'en retrouver les traces dans toutes les manifestations de l'intelligence humaine. Quand on a dit d'un homme qu'il est systématique, cet homme n'a plus qu'à se taire ; car dire d'un homme qu'il est systématique, c'est dire que c'est un rêveur, un utopiste, un songe-creux. On croirait perdre son temps si on s'arrêtait à ses idées ; on les relègue dans le domaine de la pure spéculation, et les voilà condamnées irrémissiblement.

Cependant pensez-vous, messieurs, que l'administration française, cette grande administration qui a tant contribué à la puissance de notre pays, et qui a été sa sauvegarde dans tant de circonstances douloureuses, aurait pu rendre les immenses services dont nous lui sommes redevables, si elle n'avait pas été organisée d'après des principes bien arrêtés, et si toutes les parties n'en avaient pas été coordonnées de manière à se prêter un mutuel appui? Ce sera certainement la plus durable des gloires du Consulat : d'avoir su accomplir cette œuvre admirable avec cet amas d'éléments incohérents que lui avaient légués les régimes précédents, et d'avoir ainsi réalisé notre unité nationale. Les hommes qui y ont collaboré, sous la direction du général Bonaparte, ne partageaient donc pas les idées nouvelles sur l'inutilité, le danger de l'esprit systématique, et je suis persuadé, messieurs, que vous ne les partagez pas non plus.

Mais, si l'esprit systématique est indispensable pour les grandes choses, il l'est également pour les petites; de sorte que, quoique le service forestier soit un détail dans l'administration générale de la France, si vous sentez le besoin d'en changer l'organisation, il faut vous fixer d'abord sur les résultats que vous voulez obtenir et, ensuite, n'en pas poursuivre un, sans avoir en même temps l'œil sur les autres.

C'est pourquoi, au début de vos séances, j'avais demandé que le travail dont nous étions chargés ne fût point partagé entre trois sous-commissions distinctes. Mon avis n'a pas prévalu. Je ne puis m'empêcher de le regretter et je voudrais au moins que cette visée d'ensemble, qui a fait défaut dans la recherche des réformes applicables à l'administration des forêts en général, ne fît pas encore défaut dans la recherche des réformes applicables à la principale branche de cette administration.

Il est nécessaire, pour cela, de préciser les données du problème à résoudre ; précisons-les :

Le service extérieur des forêts réclame-t-il absolument des mesures d'amélioration?

Dans l'affirmative, ces mesures devraient-elles toucher à l'organisation de ce service, en ce sens qu'elles entraîneraient des changements dans les cadres du personnel et dans la composition de ces cadres?

Si oui encore, quelles seraient les conditions à remplir pour que la réorganisation fût durable?

Sur le premier point, aucun doute ne saurait malheureusement subsister. Lisez, messieurs, les rapports que MM. les inspecteurs généraux nous ont présentés à la suite de l'enquête à laquelle vous les aviez priés de procéder : Ils sont remplis des doléances les plus amères sur le découragement qui règne parmi les agents, à cause de l'insuffisance des traitements et de la lenteur de l'avancement. Ce découragement irait même, d'après le dire de M. T..., jusqu'à l'indifférence, ce qui serait le pire des maux; car si l'on peut encore attendre quelque chose d'un homme découragé, on ne peut plus rien attendre d'un homme indifférent.

Parlant de la communication, aux agents, des deux projets sur lesquels il avait à les consulter, ce haut fonctionnaire dit : « Cette communication n'a été accueillie qu'avec une extrême indifférence, résultat naturel du malaise et du découragement. »

M. V... a recueilli des impressions analogues : « J'ai cherché, dit-il, à calmer leurs appréhensions, leur impatience, en leur donnant l'assurance que la bienveillance de l'administration ne leur ferait pas défaut. Je n'oserai pas dire que je sois parvenu à les convaincre, tant le mal est grand, tant étaient grandes les espérances que la réunion de l'administration des forêts au ministère de l'agriculture avait fait naître. »

Cet agent supérieur ajoute quelque chose de

plus grave : « J'ai constaté, dit-il, que les agents qui sont dépourvus de fortune ou qui ne possèdent qu'une modeste aisance, et c'est le plus grand nombre, ne remplissent pas, malgré le dévouement le plus consciencieux, tous les devoirs de leur emploi, uniquement parce qu'ils ne sont pas en mesure d'en supporter toutes les dépenses. »

M. X... confirme ce renseignement assurément fort inquiétant :

« Il est évident, écrit-il, que la cherté de toutes choses, les minimes traitements des agents forestiers, aussi bien que les dérisoires frais de tournée qu'ils reçoivent, placent ceux d'entre eux qui sont sans fortune dans l'impossibilité de faire face à leurs obligations. »

Je pourrais multiplier les citations de ce genre. Je n'en ferai plus qu'une qui, d'ailleurs, les résume toutes. Elle est extraite d'un travail récent de M. Bouquet de la Grye, intitulé *les Réformes forestières*, et lui sert en quelque sorte d'épigraphe :

« L'administration des forêts passe, depuis quelques années, par une phase des plus critiques : les démissions, les mises en disponibilité sont plus fréquentes que jamais ; le nombre des candidats à l'École forestière va toujours en diminuant, et le niveau de leur instruction suit, dit-on, une progression descendante. Le mécontentement du personnel se traduit par une atonie générale et par d'amères récriminations. »

Cette déclaration spontanée d'un écrivain fort

apprécié, qui n'est, d'habitude, ni morose ni pessimiste, éclaire d'un triste jour le premier point que j'ai indiqué ; passons au deuxième :

Les mesures d'amélioration à prendre devraient-elles toucher à l'organisation du personnel?

A part M. Lorentz, qui m'a fait l'honneur d'adopter mes idées, MM. les inspecteurs généraux sont pénétrés d'admiration pour l'organisation actuelle, qui, disent-ils, dure depuis cinquante ans, qui a fait ses preuves, et à laquelle le service forestier doit la place qu'il occupe dans la considération publique. Ce respect pour les institutions qui ont reçu la consécration du temps est loin de me déplaire ; car, bien que, par tempérament, je sois du nombre de ceux qui tournent volontiers leurs regards vers l'avenir, je ne crois guère cependant à la vitalité des choses qui n'ont pas des racines dans le passé. Seulement je serais curieux de savoir à quelle époque les apologistes de l'organisation du service forestier font remonter leurs hommages. Est-ce à l'époque où ce service comptait quarante conservateurs, ou bien à celle où il n'en comptait que vingt et un? Est-ce à l'époque où les sous-inspecteurs étaient chefs de service, ou bien à celle où ils étaient ambulants? Il fut un temps aussi où le personnel des forêts comprenait des arpenteurs spéciaux qui ont disparu, et des gardes à cheval qui n'étaient que de simples préposés, et qui ont été remplacés par des gardes généraux adjoints, auxquels on a donné rang d'agent. On y a vu enfin, il y a une trentaine d'années, des surnuméraires, comme il y en a encore dans les régies financières. L'administration forestière a donc subi, depuis cinquante ans, de nombreuses transformations; ce qui montre que l'on commet une singulière méprise quand on s'appuie sur ses antécédents pour prétendre qu'on ne doit pas la réformer.

Au surplus, tout en se disant favorables au *statu quo*, MM. les inspecteurs généraux y mettent une réserve, et cette réserve, *c'est qu'il sera modifié*. Leurs rapports sont même, à ce sujet, fort intéressants. Laissons d'abord parler M. X... :

« Cette organisation, qui a fait ses preuves depuis plus d'un demi-siècle qu'elle fonctionne et qui toujours s'est trouvée à la hauteur de toutes les exigences d'un service compliqué et hérissé de grandes difficultés, ne saurait être abandonnée sans de sérieux dangers.

« L'expérience des uns et la prudence des autres sont d'accord pour en demander la continuation et repousser ce qui, n'étant basé sur aucun fait acquis, ouvrirait la porte aux expériences, et pourrait conduire aux plus cruelles déceptions suivies d'une désorganisation finale. »

Vous voyez, messieurs, que M. X... n'est pas conservateur à demi, et n'est guère disposé à avoir des ménagements pour les novateurs, à en juger par le sombre tableau qu'il nous fait des conséquences qu'entraîneraient leurs conceptions, si l'administration avait le malheur de les écouter;

mais que les novateurs et l'administration se rassurent; voici en effet ce que M. X... s'empresse d'ajouter :

« S'ensuit-il de là qu'il n'y ait rien à faire ?

« Tel n'est pas l'avis de la majorité des agents qui pensent que l'organisation nouvelle, tout en conservant les principes fondamentaux sur lesquels repose l'ancienne, doit tendre à améliorer le service au moyen de certaines modifications à apporter dans les attributions de chaque grade, mais surtout en élevant les traitements et en accordant des indemnités de déplacement, etc. »

M. l'inspecteur général Y... a consulté vingt-six agents — ce qui n'est guère — et résume son enquête par cette déclaration :

« A la presque unanimité donc, les suffrages sont pour le maintien du statu quo, *mais* avec des modifications généralement *peu importantes*. On est d'avis qu'il est de toute nécessité de relever les traitements; mais on insiste pour que les conditions d'avancement soient rendues plus favorables et aussi pour que l'on apporte certains changements dans les attributions des divers grades, etc. » — C'est là ce que M. Y... appelle *des modifications peu importantes!* Je m'en contenterais cependant.

M. E..., de son côté, se prononce pour le maintien de l'organisation actuelle, *mais* avec des modifications.

Quant à M. V..., il est antirévolutionnaire au moins autant que M. X... :

« Avec un semblable système — c'est de mon système que parle M. V... — on retomberait infailliblement, s'écrie-t-il, dans les abus d'autrefois que l'institution de l'École de Nancy a eu tant de peine à déraciner. Ce serait l'inconnu à longue échéance, et, durant la période de transition, un trouble général, *comme une sorte d'affection chronique des organes essentiels de la vie.* »

Avec son affection chronique des organes essentiels de la vie, M. V... me fait trembler plus encore que M. X... avec ses déceptions cruelles, et j'ai bien peur que son inconnu à longue échéance ne soit pas autre chose, dans sa pensée, que la désorganisation finale de son honorable collègue ; mais revenons à son discours:

« Tout au contraire, continue-t-il, l'organisation actuelle a fait ses preuves; elle est parfaitement adaptée au service si complexe des forêts; elle possède un contrôle direct, incessant à tous les degrés, plus sûr, plus efficace qu'un contrôle unique. »

Voilà, n'est-ce pas, qui est catégorique? Pourtant M. V... lui-même reconnaît que la question la plus urgente, la seule urgente à résoudre, est celle de la position matérielle des officiers forestiers, c'est-à-dire de l'avancement et des émoluments.

Ainsi, messieurs, les partisans du *statu quo* sont entièrement d'accord avec ses adversaires pour qu'on y apporte des changements. Le tout est de savoir si ces changements laisseront intacte ou non l'organisation du service. Quoique ce ne soit là qu'une question de mots, il n'est pas inutile de la résoudre pour la clarté de la discussion. Pour moi, je considère que les trois circonstances caractéristiques d'une organisation administrative sont: 1° la hiérarchie, c'est-à-dire le nombre et la subordination des grades; 2° le nombre des fonctionnaires pour chaque grade, et 3° les attributions de ces fonctionnaires. Qu'on touche à l'une ou à l'autre de ces trois circonstances et, à mon sens, on touchera à l'organisation elle-même. S'il suffisait, par exemple, pour améliorer le service forestier, d'allouer de plus forts émoluments aux fonctionnaires qui en font partie, il n'y aurait pas là matière à une réorganisation; mais, si on voulait prendre en même temps des mesures pour hâter l'avancement de ces fonctionnaires, ces mesures seraient des mesures de réorganisation, parce que, pour hâter l'avancement, il faudrait, ou augmenter le nombre des agents supérieurs, ou diminuer celui des agents inférieurs, ou faire l'un et l'autre. Tous les inspecteurs généraux, étant d'avis qu'il est surtout urgent de donner plus d'avancement aux agents forestiers, veulent dès lors qu'on réorganise le service des forêts; et ils le veulent d'autant plus qu'ils proposent, en outre, de modifier les attributions de ces agents. Rappelez-vous, d'ailleurs, que, quoique ceux-ci ne puissent, faute d'argent, suffire à tous les devoirs de leur emploi, le domaine confié à leurs soins ne paraît point en souffrir; donc ils ne sont pas utilisés autant qu'ils pourraient l'être ; donc, sous ce rapport encore, le service a besoin d'être réorganisé, et cela de l'aveu de tous.

Maintenant quelles sont les conditions à remplir pour que la réorganisation fût durable?

Il y en a quatre :

1° L'amélioration du sort des fonctionnaires, en ce qui concerne les émoluments et l'avancement ;

2° L'utilisation aussi complète que possible de leurs facultés ;

3° La satisfaction des exigences du service ;

4° Le minimum de charges pour le Trésor.

Tel est le problème à résoudre.

Il ne s'agit pas seulement de savoir si on accordera un peu plus d'argent aux officiers forestiers ; il s'agit de savoir si la répartition de ces officiers entre les différents grades de la hiérarchie permet de récompenser également tous les services équivalents ; il s'agit de savoir si leurs attributions sont réglées de manière à ce qu'elles n'empiètent pas les unes sur les autres ; de manière aussi à ce qu'il soit possible de tirer le meilleur parti des qualités des hommes, et d'occasionner par conséquent à l'État le moins de frais.

S'il m'était permis de comparer l'administration forestière à une machine, je dirais qu'il ne s'agit pas seulement d'huiler les rouages de cette machine pour les faire mieux rouler, mais d'examiner s'il n'y en a point d'inutiles, par ce motif qu'on pourrait les supprimer en renforçant les autres ;

d'examiner encore si ces rouages rendent des services qui justifient leurs dimensions et leur composition; si certains d'entre eux, fabriqués avec de l'acier, ne pourraient pas l'être avec de la fonte, et *vice versa*.

Ce sont les questions que j'avais posées dans mon ouvrage; ce sont celles aussi que M. le sous-secrétaire d'État a posées dans son rapport au ministre en date du 25 mars 1878[1], et on doit croire qu'avant de les poser, il s'était assuré qu'on ne pouvait pas les éluder. Ce sont celles que MM. les inspecteurs généraux n'ont pu éviter d'examiner et qui préoccupent, d'après leurs rapports, tous les agents que l'indifférence n'a point encore envahis.

Parmi les résultats à poursuivre, j'ai mis en première ligne l'accélération de l'avancement pour les agents sortis de l'École de Nancy. C'est en effet l'amélioration la plus pressante, puisque la lenteur de l'avancement est la cause dominante de l'atonie, pour me servir de l'expression de M. Bouquet de la Grye, qui existe dans le corps forestier; et c'est en même temps la plus difficile à réaliser; vous allez en être convaincus.

Il y a aujourd'hui à peu près 770 agents fores-

1. Il y a donc lieu d'examiner, est-il dit dans ce rapport, s'il convient de conserver dans le personnel des agents les trois degrés hiérarchiques existant aujourd'hui; s'il n'y aurait pas avantage de les réduire à deux, quelles modifications s'en suivraient dans les attributions respectives de ces fonctionnaires, etc., etc.

tiers, dont 41 seulement occupent le haut de l'échelle administrative, sous le nom de conservateurs et d'inspecteurs généraux. La durée de la carrière forestière étant au plus de 40 ans (22 à 62 ans), il en résulte que, pour renouveler, dans ce laps de temps, tout le personnel des agents forestiers, il faudrait, en supposant, il est vrai, qu'aucun de ces agents ne fût arrêté dans sa carrière par la mort ou un accident quelconque, et ne manquât des qualités exigées pour être conservateur, il faudrait, dis-je, que le nombre de ceux qui seraient mis à la retraite, chaque année, fût égal au quotient de 770 par 41, soit 18, et qu'en conséquence les agents supérieurs (conservateurs et inspecteurs généraux) ne fussent maintenus en fonction que pendant 2 ans et quelques mois. Si l'on veut tenir compte des vacances anticipées créées par des circonstances accidentelles, et qu'on porte à $^1/_3$ du personnel[1], ce qui serait énorme, le nombre des agents qui occasionneraient ces vacances, alors, au lieu de 18 places d'inspecteurs généraux ou de conservateurs à distribuer par an, on en aurait $^1/_3$ de moins, soit 12, ce qui permettrait de laisser ces agents supérieurs en fonction pendant 3 à 4 ans; mais, dans l'intérêt du service, il conviendrait certainement qu'un agent arrivé au grade de conservateur eût encore 10 à

1. Le tiers, c'est à peu près la proportion qu'indiquent les tables de mortalité les plus estimées; mais ces tables s'appliquent à toutes les classes de la société, aux souffreteuses comme aux autres.

12 ans à parcourir avant d'atteindre le terme de son existence administrative. Or, pour cela, il serait nécessaire de diviser par 3 ou 4 le nombre des emplois de cette classe à donner chaque année, et de réduire par conséquent ce nombre à 3 ou 4 pour 12 aspirants.

Faisons un calcul analogue pour les chefs de cantonnement par rapport aux inspecteurs, conservateurs et inspecteurs généraux, qui forment un total de deux cents agents environ, et nous verrons qu'en moyenne ces derniers ne devraient pas rester en fonction plus de dix à douze ans, pour que les agents inférieurs pussent avoir tous l'espérance de terminer leur carrière dans les grades supérieurs; de sorte que, désormais, le *statu quo*, caractérisé par ce fait que les chefs de cantonnement sont presque tous d'anciens élèves de l'École de Nancy, le *statu quo* étant maintenu, ces élèves seraient à peu près sûrs de ne parvenir à l'inspection qu'à l'âge de quarante-huit ans.

Il est manifeste qu'un tel état de choses est intolérable, qu'il y a nécessité d'y remédier d'une façon ou d'une autre, sous peine de rendre toute autre réforme stérile et d'entraîner, à court délai, la décadence de l'utile, mais coûteuse institution qu'on appelle l'École de Nancy.

On aura beau dire que c'est là une question personnelle, que l'intérêt général doit passer avant celui des individus, et que cet intérêt général s'oppose à toute aggravation des charges du Trésor.

Rien de plus dangereux qu'un tel raisonnement, surtout pour cet intérêt général qu'il vise à sauvegarder.

Tient-on à avoir de bons serviteurs qui rapportent plus qu'ils ne coûtent? Qu'on les rémunère convenablement et qu'on stimule leur zèle par des perspectives d'avancement satisfaisantes pour leur amour-propre. Sinon, on ressemblerait à un capitaine de bateau à vapeur qui voudrait obtenir de sa machine une grande vitesse et, en même temps, économiser sur le combustible. La comparaison n'est pas neuve; elle est triviale; mais je m'en sers parce qu'elle rend bien ma pensée.

Au reste, l'intérêt du service est engagé dans cette question de l'avancement à un autre point de vue.

Pour être à la hauteur de leur mission, les chefs, surtout dans l'administration forestière, ne doivent pas être trop vieux. Sans doute, il est excellent qu'avant d'arriver aux emplois supérieurs, les hommes aient passé un certain temps dans les emplois subalternes; mais quand ils y passent trop longtemps, ils risquent fort d'y perdre les qualités d'initiative, de coup d'œil, de décision et d'élévation dans les vues, qui, seules, peuvent légitimer l'exercice du commandement.

Maintenant que je vous ai rappelé les principaux résultats auxquels je tendais quand j'ai préparé le projet sur lequel je viens de nouveau solliciter votre attention, je puis, messieurs, vous dire quelles sont les combinaisons très simples et très pratiques qui ont servi de base à ce projet. Sachez seulement qu'à l'époque où mon travail a été fait, on ne pouvait pas espérer, pour le personnel des forêts, une augmentation des crédits alloués jusqu'alors à l'administration, et que j'ai dû, en conséquence, chercher les moyens de réformer le service, sans surcroît de dépenses, ce qui naturellement en rendait la découverte plus difficile.

Nous avons établi tout à l'heure que l'administration des forêts avait besoin d'être réorganisée, parce que l'avancement n'y était point assez rapide.

Est-ce là son seul défaut?

N'est-il pas avéré, en outre, que les conservateurs sont trop peu nombreux; que leurs circonscriptions sont trop grandes pour qu'ils puissent les avoir, comme on dit vulgairement, dans la main?

Personne ne le conteste.

Personne ne conteste non plus, parmi ceux qui connaissent bien le service, M. C...... de G........, ne me démentira pas, que les inspecteurs, hormis les opérations de balivage et de récolement dont on pourrait, dans la plupart des cas, les dispenser utilement, ne jouent souvent le rôle d'une boîte aux lettres.

Personne ne conteste non plus que les sous-inspecteurs, c'est-à-dire des agents sortis de l'École de Nancy depuis plusieurs années, ne consacrent une grande partie de leur temps à des occupations en quelque sorte matérielles, qui sont fort au-dessous de leur éducation et de leur instruction.

Personne enfin ne conteste qu'il n'y ait, en fait, une confusion regrettable dans les attributions des sous-inspecteurs, des chefs de cantonnement et des brigadiers.

Il y aurait donc lieu non seulement d'augmenter le nombre des conservateurs, mais, en outre, de modifier : 1° la répartition des différents fonctionnaires de l'administration forestière entre les grades de cette administration ; 2° les attributions afférentes à ces grades.

Or, messieurs, c'est précisément, ainsi que je vous le démontrerai, dans l'exécution de ces deux dernières réformes, réclamées par l'intérêt même du service, qu'on trouvera les moyens d'élever les émoluments de tous les agents et préposés, sauf cependant les conservateurs, et d'accélérer l'avancement des anciens élèves de l'École de Nancy.

En effet :

Pour augmenter les émoluments, il faut de l'argent. Eh bien, cet argent, on se le procurera en débarrassant les agents, dont les traitements sont relativement élevés, de beaucoup de travaux que de simples commis, des employés subalternes feraient aussi bien, sinon mieux qu'eux, et en diminuant, par conséquent, le nombre de ces agents.

Pour multiplier les chances d'avancement des élèves de l'École de Nancy, il faut réduire le nombre des fonctionnaires capables de parvenir aux positions dominantes du corps forestier. Eh bien, ce résultat, on l'obtiendra encore par un règlement d'attributions qui amoindrira considérablement les besoins de l'administration forestière, en hommes pourvus d'une éducation et d'une instruction supérieures.

Voilà, messieurs, tout le secret de mon système.

Vous voyez qu'il consiste essentiellement dans une meilleure division du travail.

Je voudrais qu'on dispensât les inspecteurs de la plupart des opérations de balivage et de récolement, et qu'on leur confiât toute la partie scientifique des obligations actuelles des chefs de cantonnement.

Des chefs de cantonnement réduits au rôle de simples auxiliaires, chargés seulement, sous la responsabilité des inspecteurs, des actes matériels de la gestion, je voudrais que l'on fît des agents secondaires susceptibles d'être recrutés parmi les hommes peu lettrés : les fils de gardes, les sous-officiers de l'armée, et qu'on les mît ainsi dans la presque impossibilité de faire concurrence à l'École de Nancy, quand même on leur en conserverait le droit, contrairement à mon avis.

Mon projet, en entier, repose sur ces propositions fondamentales dont l'adoption permettrait :

1° De réaliser, d'une part, des économies, au moyen desquelles on pourrait élever les traitements et les indemnités de tous les agents et préposés, sauf les conservateurs ; de diminuer, d'autre part, le nombre des agents admissibles aux emplois supérieurs, et de multiplier par là les chances d'avancement de ces agents;

2° De tirer le meilleur parti possible des employés des diverses catégories, en réglant leurs attributions de manière à ce qu'elles ne fussent ni au-dessous ni au-dessus de leurs facultés;

3° D'augmenter le nombre des conservateurs, ce qui fortifierait le contrôle; celui des inspecteurs, ce qui fortifierait la gestion; et de satisfaire par suite aux exigences du service;

4° Enfin d'occasionner le minimum de charges au Trésor, puisque, même sans dépasser le budget actuel, on mettrait les hommes et les choses dans une bien meilleure situation.

Toutes les dispositions du plan que j'ai conçu n'ont pas d'autre but que de démontrer la possibilité d'arriver à ces quatre résultats. Permettez-moi de vous en présenter le résumé, en les rapprochant des dispositions auxquelles je voudrais les substituer:

La hiérarchie comprend 8 grades : le garde, le brigadier, le garde général adjoint, le garde général, le sous-inspecteur, l'inspecteur, le conservateur, l'inspecteur général. — J'en conserve 5 : le garde, pour la surveillance; le chef de cantonnement, pour la partie matérielle de la gestion; l'inspecteur, pour la partie scientifique et la responsabilité de cette gestion; le conservateur, pour la direction, le contrôle, la comptabilité, les rapports avec les chefs des autres services; l'inspecteur général, pour le maintien de l'harmonie entre toutes les parties de l'administration et la subordination de tous les actes de gestion à l'esprit et aux intentions de la Direction générale.

Le personnel forestier est divisé en deux catégories : 1° les préposés comprenant les gardes et les brigadiers ; 2° les agents comprenant les gardes généraux adjoints et les fonctionnaires des grades supérieurs. — Je le divise en trois catégories : 1° les simples gardes ; 2° les agents secondaires, chefs de cantonnement, et 3° les agents supérieurs comprenant les inspecteurs, les conservateurs et les inspecteurs généraux.

Les agents peuvent se recruter aujourd'hui, soit parmi les élèves de l'École de Nancy, soit parmi les élèves des écoles secondaires. — Je demande qu'on réserve exclusivement, pour les élèves de l'École de Nancy, les postes d'agents supérieurs, après un stage de plusieurs années et, pour les élèves des écoles secondaires, les postes d'agents secondaires.

Le nombre des conservateurs n'est que de 32 pour le service ordinaire. — Je le porte à 48.

Le nombre des inspecteurs n'est que de 150 pour le même service. — Je le porte à 230.

Le nombre des chefs de cantonnement est de 400 à peu près. — Je le fixe à 582.

Je supprime les gardes-cantonniers.

Les traitements et les indemnités de tournée sont insuffisants pour tous les grades. — Je les augmente sensiblement.

L'avancement est très lent pour les élèves de l'École de Nancy. — J'y remédie par une proportion rationnellement établie entre le nombre des agents par grade, et par la fixation à 12, du nombre des admissions à ladite École.

Les écoles secondaires n'ont pas donné, jusqu'à présent, tout ce qu'on attendait d'elles, parce qu'on leur demande trop. — Je réduis le programme de l'enseignement de ces écoles à ce qui est nécessaire pour la partie matérielle de la gestion.

Plusieurs de ces mesures ont été plus ou moins vivement critiquées. Malheureusement elles l'ont été séparément, c'est-à-dire que mes contradicteurs n'ont pas tenu compte des rapports qui les lient entre elles et qui, seuls, peuvent les justifier. Ils ont oublié, notamment, que je m'étais imposé l'obligation de ne pas créer de nouvelles charges au Trésor. Ainsi on m'a reproché de réduire les traitements fixes des conservateurs. Je ne l'ai certes pas fait, parce que ces traitements me paraissent excessifs, mais parce qu'il le fallait pour réaliser d'autres réformes, dont les avantages devaient l'emporter évidemment sur l'inconvénient de la légère réduction qu'on désapprouve.

Un autre tort et le plus grand, à mes yeux, de mes contradicteurs, c'est que, le plus souvent, leurs critiques se sont adressées à des situations tout à fait différentes de celles que je voulais établir. M. C...... de G........, par exemple, m'a reproché d'abaisser, au point de vue des traitements, le niveau de tous les grades; il aurait laissé ce grief de côté s'il avait fait attention que les grades que je conserve ne répondent plus aux fonctions auxquelles ils répondent aujourd'hui : mes inspecteurs se rapprochent beaucoup plus des sous-inspecteurs que des inspecteurs actuels; mes chefs de cantonnement se rapprochent beaucoup plus des brigadiers que des chefs de cantonnement actuels.

Les conducteurs de travaux, c'est-à-dire les chefs de cantonnement, ont été l'objet de nombreuses observations tendant à démontrer que ces agents ne pourraient pas être fournis par les écoles secondaires; on a perdu de vue deux choses : d'abord, que les chefs de cantonnement auraient des attributions beaucoup moins difficiles que celles qu'ils ont en ce moment; ensuite, que j'avais proposé de réformer complètement l'enseignement dans les écoles secondaires.

Je répondrai du reste à celles des objections qui me paraissent les plus dignes d'attention; mais j'en ferai le sujet d'une lettre ultérieure, attendu que celle-ci est déjà bien longue et que je ne voudrais pas, Messieurs, abuser de votre patience.

Agréez,

L. Tassy.

[307] — PARIS. — Impr. J. CLAYE. — A. QUANTIN et C°, rue St-Benoît.

J. ROTHSCHILD, Éditeur, 13, Rue des Saints-Pères, Paris.

☞ *La Maison J. Rothschild a obtenu pour ses belles Publications à l'Exposition universelle de 1878, la Croix de la Légion d'honneur et plusieurs Médailles d'Or, d'Argent et de Bronze.*

GUIDE DU FORESTIER

(Septième édition). Résumé complet des règles de la culture et de la surveillance des forêts, par A. Bouquet de la Grye (*Conservateur des Forêts*). En 2 volumes in-18 reliés, contenant :

Tome premier : La Sylviculture, avec 70 gravures. Prix. . . 2 fr. 50

Tome second : La Surveillance des Forêts. Prix . . . . . . 2 fr. 50

Les deux volumes ensemble. 5 fr.

L'ART DE PLANTER

Traité pratique sur l'art d'élever en pépinière et de planter à demeure tous les arbres forestiers, les arbres fruitiers et d'agrément, par le baron H. E. de Manteuffel. 2e édition française, revue par L. Gouet (*Inspecteur des Forêts, directeur de l'établissement d'arboriculture des Barres*). Un volume avec 16 vignettes. . . . . 2 fr. 50

L'AMÉNAGEMENT DES FORÊTS

Traité pratique de la conduite des exploitations de forêts en taillis et en futaie, par Alfred Puton (*Inspecteur des Forêts, Professeur à l'école forestière de Nancy*). 2e édition illustrée de gravures. Un volume in-18, 230 pages. Relié. . 2 fr. 50

MANUEL DE CUBAGE

et d'estimation des bois, futaies, taillis, arbres abattus ou sur pied. — Notions pratiques sur le débit, la vente et la fabrication de tous les produits des forêts, tarifs de cubage des bois en grume ou équarris, tables de conversion, à l'usage dans tous les départements de la France, par A. Goursaud (*Inspecteur des Forêts*). 3e édition. Un beau volume in-18 de 180 pages. Relié. 1 fr. 50

L'ÉLAGAGE DES ARBRES

Traité pratique de l'art de diriger et de conserver les arbres forestiers et d'alignement, par M. le Comte A. des Cars (*Membre de la Société centrale d'Agriculture*). Un volume in-18, avec 72 gravures et un Dendroscope relié. 7e édition. Prix. 1 fr.

L'ALIÉNATION DES FORÊTS

de l'État devant l'opinion publique. Recueil complet des documents officiels et des articles publiés sur cette question dans les journaux de Paris, de la province et de l'étranger. 2e *édition.* Un fort vol. in-8°. 6 fr.

LES REBOISEMENTS ET LES ESSENCES RÉSINEUSES.

Mise en valeur des sols pauvres, par A. Fillon (*Sous-inspecteur des Forêts*). Ouvrage honoré d'une médaille d'or par la Société centrale d'Agriculture. 1 vol. cart . . . . . . 3 fr.

LES MALADIES DES PLANTES CULTIVÉES,

des arbres fruitiers et forestiers, occasionnées par le sol, l'atmosphère, les parasites, etc. D'après les ouvrages de Tulasne, Bary, Berkeley, Hartig, Sorauer, etc., par A. d'Arbois de Jubainville (sous-inspecteur des forêts) et J. Vesque (préparateur au Muséum). Un fort vol. avec 48 vignettes et 7 planches en couleur; relié. . . . . 4 fr.

LES ANIMAUX DES FORÊTS

(Mammifères. — Oiseaux). — Histoire naturelle. — Chasse à courre. — Chasse à tir. — Entretien. — Conservation. — Reproduction. — Zoologie pratique au point de vue de la chasse et de la sylviculture, par R. Cabarrus (*Sous-inspecteur des Forêts*). 1 vol. in-18, illustré de 84 gravures, relié. Prix. . 2 fr. 50

LES RAVAGEURS DES FORÊTS

et des arbres d'alignement. — Histoire naturelle. — Mœurs. — Dégâts. — Moyens de destruction. — Par H. de la Blanchère (*Ancien élève de l'école forestière*), et le Dr Eugène Robert. — 5e édition. Un volume in-18, avec 162 grav., relié. fr. 50

LES OISEAUX UTILES ET NUISIBLES

aux forêts, champs, jardins, vignes, etc., par H. de la Blanchère (*Ancien élève de l'école forestière*). — Deuxième édition, avec 150 vignettes. In-18 relié. . . . . 3 fr. 50

☞ Tous ces ouvrages sont envoyés FRANCO contre Mandat-Poste.

www.ingramcontent.com/pod-product-compliance
Ingram Content Group UK Ltd.
Pitfield, Milton Keynes, MK11 3LW, UK
UKHW020506230726
13925UKWH00005B/2101